睁大眼睛看世界

La Vie
microscopique

微观世界：舌头上有什么？

[法] 沙利纳·泽图恩（Charline Zeitoun）/ 著
[法] 彼得·艾伦（Peter Allen）/ 绘
陈晨 / 译

U0333772

北京日报出版社

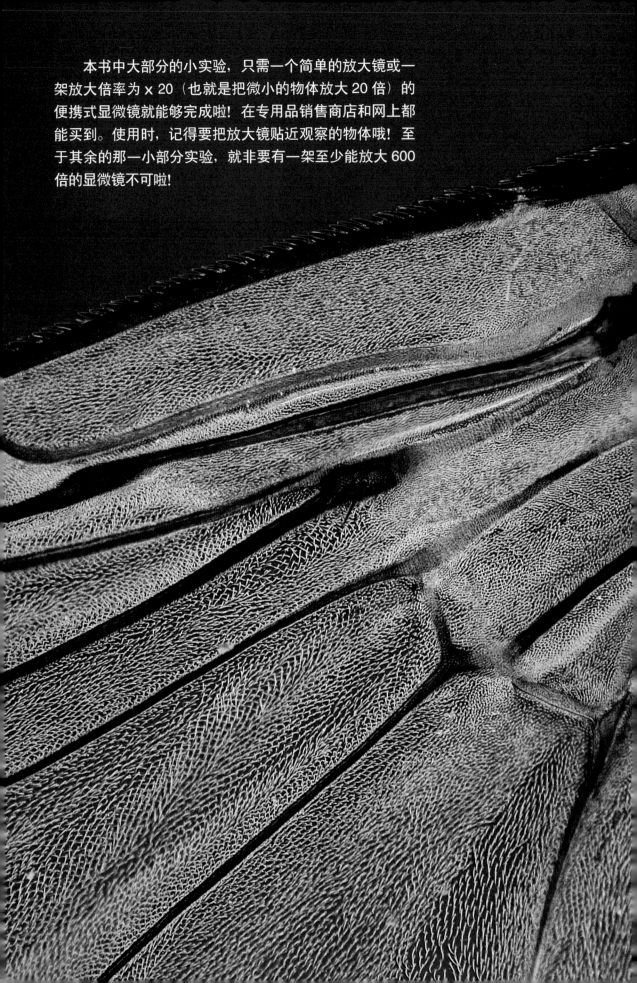

本书中大部分的小实验，只需一个简单的放大镜或一架放大倍率为 x 20（也就是把微小的物体放大 20 倍）的便携式显微镜就能够完成啦！在专用品销售商店和网上都能买到。使用时，记得要把放大镜贴近观察的物体哦！至于其余的那一小部分实验，就非要有一架至少能放大 600 倍的显微镜不可啦！

目 录

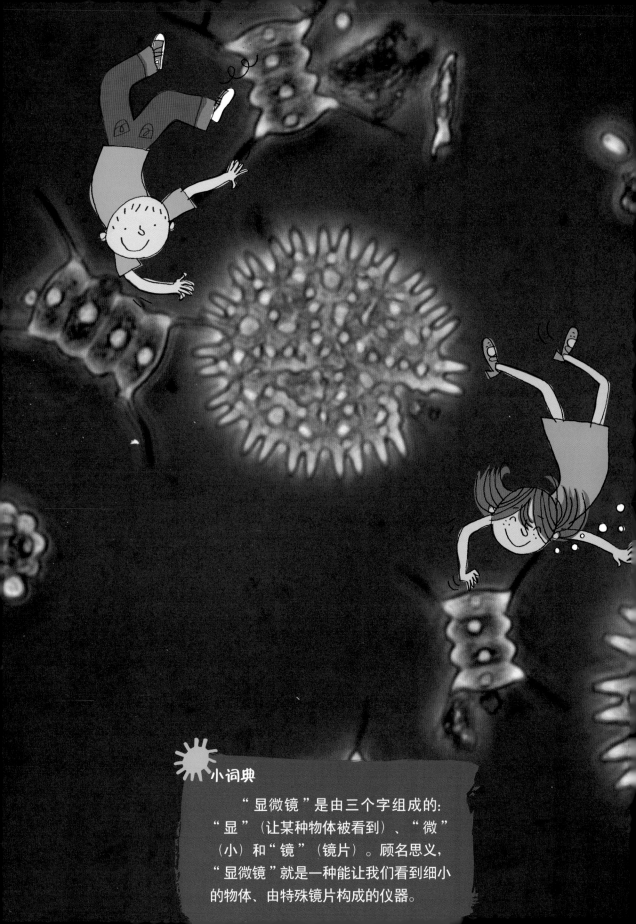

什么是微观

　　看到这些海藻了吗？实际上它们的直径大约只有 1 毫米的 1/250。单靠我们的眼睛是看不到它们的，要有一个显微镜才行，所以它们是"微观的"。我们的身边，都隐藏着哪些微观的物体呢？要怎样使用这些仪器才能看见它们呢？现在，就让我们一起走进这个神秘的微观世界吧……

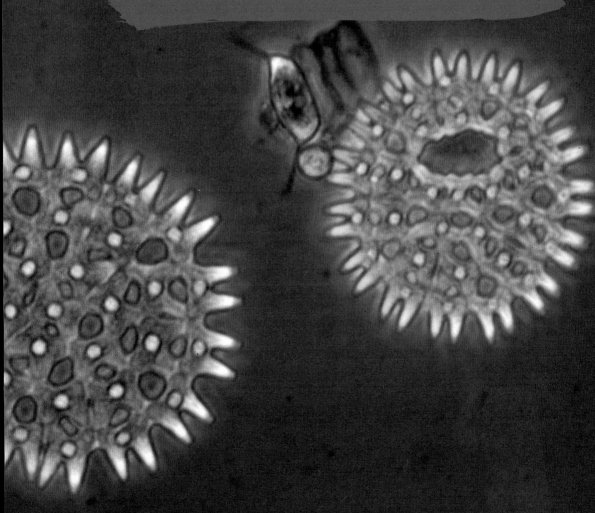

事关“大小”

好奇特的羽毛！其实，这是夜蛾的触须。夜蛾的每根触须上都有约 17 000 根非常细小的绒毛，这些绒毛能够捕捉到雌性夜蛾释放出的气味“粒子”。因此，当我们放大图像时，就常常会发现平时肉眼看不到的惊人细节呢……

一只普通的小猫

猫咪身长 30 厘米，我们用肉眼就可以轻松看到它。因此我们说，猫咪是"宏观的"。"宏"就是"大"的意思。

细胞构成小猫

放大，再放大！原来，猫咪是由上百万个"小口袋"构成的。这些小口袋就是细胞，它们的大小约为 1 毫米的 1/100。因为我们不能用肉眼看到它们，所以我们说，细胞是"微观的"。要看到细胞，得用显微镜才行。

你知道吗

所有物体都是由原子构成的，比如水和石头。但是，只有那些有生命的物体才拥有细胞，比如动物、植物和菌类。

原子构成细胞

再次放大！原来，每个细胞都是由更小的"小圆球"组成的，这些小圆球就是原子。约为细胞的 1/100 000，1 毫米的 1/10 000 000。因而原子是必须用特殊的显微镜才能看到的。

原子中包含电子

原子里有一个核，还有一些围绕着这个核转动的小颗粒，这些小颗粒就是电子。我们普遍认为，电子约为原子的 1/100 000。目前为止，还没有任何一种仪器可以看到电子。

小贴士

你在这本书中看到的所有物体，都要比原子大哦！

放大来看

想要看到我们身边那些细小的物体，就要把它们放大才行！用这种放大镜就可以了。放大镜是用玻璃制成的。你知道它为什么可以放大物体吗？

自制放大镜

1 将空水瓶灌得满满的，然后拧紧瓶盖。

2 把书打开，立起来放在桌面上。把水瓶也立起来贴紧书放好。现在，透过水瓶上面圆形的部分来看书。你看到了什么现象？

3 把你的书放平，再把水瓶也平放到书上。看到水面上那个小气泡了吗？

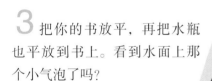

4 透过小气泡看书。这回，你又看到了什么现象？

实验准备：
● 一个小水瓶
● 一本书

小词典

透镜是一种透明的物体，它们可能凸起来，也可能凹下去；它们能够改变图像的大小。眼镜上面的透镜，就是将玻璃片稍稍打磨后制成的。

小贴士

如果一个放大镜可以放大20倍，我们就这样写：x 20。

当我们透过水瓶的上部来看书，书上的字变大了；当我们透过小气泡来看书，书上的字就变小了！这是因为光线从凸起的水瓶中穿过的时候，改变了原来的传播方向。水瓶凸起得越大，光线穿过时就越倾斜，图像也就变得越大。而小气泡让水面凹下去，光线便会向与刚才凸起时相反的方向倾斜，图像也就变小了。放大镜之所以能够放大，是因为它是由一片凸起的玻璃做成的。

9

放大镜下的世界

照下这张照片的仪器里装了一块可以放大物体的透镜，所以我们才能把这片树叶上的脉络看得清清楚楚。我们可以用放大镜来放大，但它的作用可不仅仅是这些……

分辨力

1 仔细瞧瞧书页上面的彩带，它是不是完全是紫红色的?

实验准备：
- 上次实验时用到的小水瓶
- 一个放大镜（放大倍数至少×20）
- 这本书

2 把水瓶的上部对准彩带，然后透过水瓶观察它。你看到了什么?

3 这回，换用放大镜来看。你有没有在彩带中看到白颜色的部分?

你知道吗

分辨力的大小与我们与物体的距离有很大关系！如果站在离物体1米远的地方，我们的眼睛可以区分开两个相互间距离为0.3毫米的点。可如果我们站在离物体10米远的地方，只有这两个点之间的距离达到3毫米，我们才能把它们分开。

只用我们的眼睛看，彩带的确从头到尾都是紫红色。可是透过水瓶来看，彩带好像是由一个个的小点点组成的！我们的眼睛看不到这些小点点，是因为它们实在离得太近啦！如果两个物体间的距离小于0.3毫米，我们的眼睛就无法把它们区分开了。但是放大镜和显微镜可以把物体放大，这样就可以让它们彼此"分开"。这就是分辨力。

还要更大

2500 年前就已经有透镜了。但是它们放大的倍数不够，不能让我们看到特别特别小的物体。所以，我们就发明了更加先进的仪器，就比如这个在 1660 年诞生的显微镜。

好奇的伟人们……

好几个世纪里，人们都只知道用放大镜来观察物体。直到 1590 年，荷兰的两位放大镜制作商有了新的想法：把几个放大镜一并放到了一根管子里！于是，第一个显微镜出现了。

……最初的发现

1600 年，许多科学家都制造出了显微镜。虽然这些显微镜仅仅能放大 250 倍，但是他们却有了重大的发现：红血球！细菌！还有一大堆无处不在的"小虫虫"……哎呀呀！

真真假假

有一个科学家，他有一次把粘在牙上的白色面团取下来仔细观察，结果发现了细菌的存在。

真的！1690 年，安东尼·冯·列文虎克在他家旁边下水道里发现了蠕动的很像小虫虫的一细菌。（见第 46 页。）

光学显微镜

随后的几十年，我们有了更好的镜片，组装技术也提高了，显微镜的倍数也增大了，成像也更清晰了。1750 年，一位叫约翰·多伦德的英国仪器制造师，制造出一台可以放大 2000 倍的显微镜，它与我们今天使用的显微镜已经很相像了。

电子显微镜

今天，我们还会使用另外一种显微镜，它可以向物体发射电子，这些电子碰到物体会"反弹"回来，从而能够帮助我们建立物体的图像。这种显微镜比光学显微镜更精确，它可以把物体放大几百万倍！

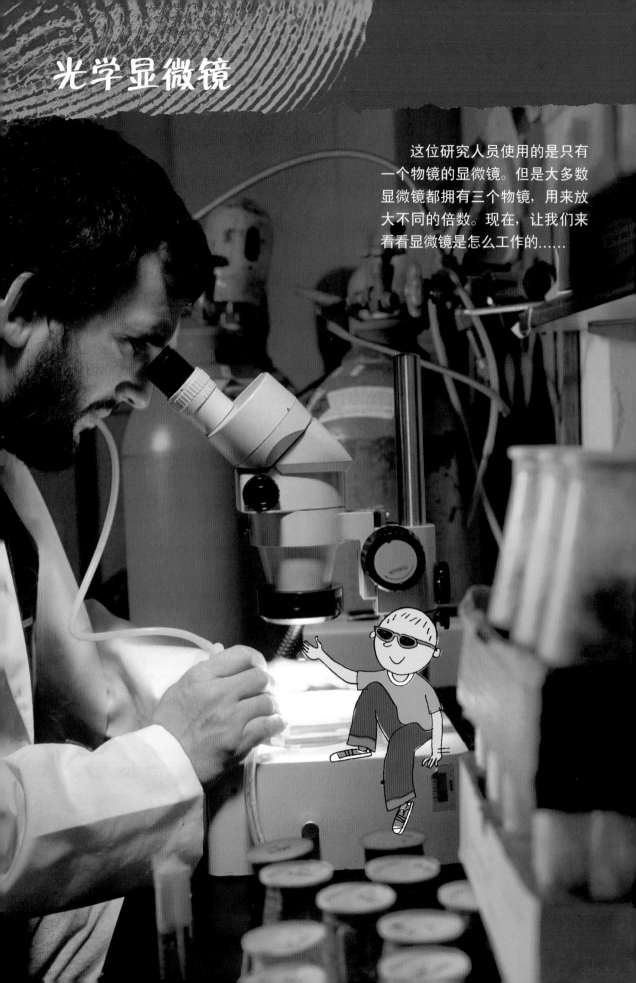

光学显微镜

这位研究人员使用的是只有一个物镜的显微镜。但是大多数显微镜都拥有三个物镜，用来放大不同的倍数。现在，让我们来看看显微镜是怎么工作的……

如何使用显微镜

目镜

相当于放大镜，我们向右转动目镜时，图像就会被放大。

物镜转换器

扭动转换器就可以更换物镜，听到"咔嚓"声就说明转换成功！

物镜

物镜里面装有透镜，物镜越长，放大的本领就越强。

从下方照亮

观察透明的物体时，我们需要从下方来照亮它。可以调整镜子的角度，让来自台灯的光线从小洞穿过照亮物体。

从上方照亮

观察不透明的物体时，我们就需要从上方照亮它，比如头发或沙粒。这时只要直接调整台灯照亮它就可以了。

调节旋钮

为了看到清楚的图像，我们可以转动这个旋钮来提升或降低物镜。在每一次小实验开始前，请把物镜升到最高的地方。

载物台

将要观察的物体在玻璃片上放好，然后把放了物体的玻璃片放到载物台上。

固定夹

把小玻璃片轻轻塞到夹子下面，固定好。

反光镜

有些反光镜后面装有小灯，只要把镜子转过来就可以照亮玻璃片！

注意

千万不要把物镜直接对准太阳或台灯，这可是会引起失明的！

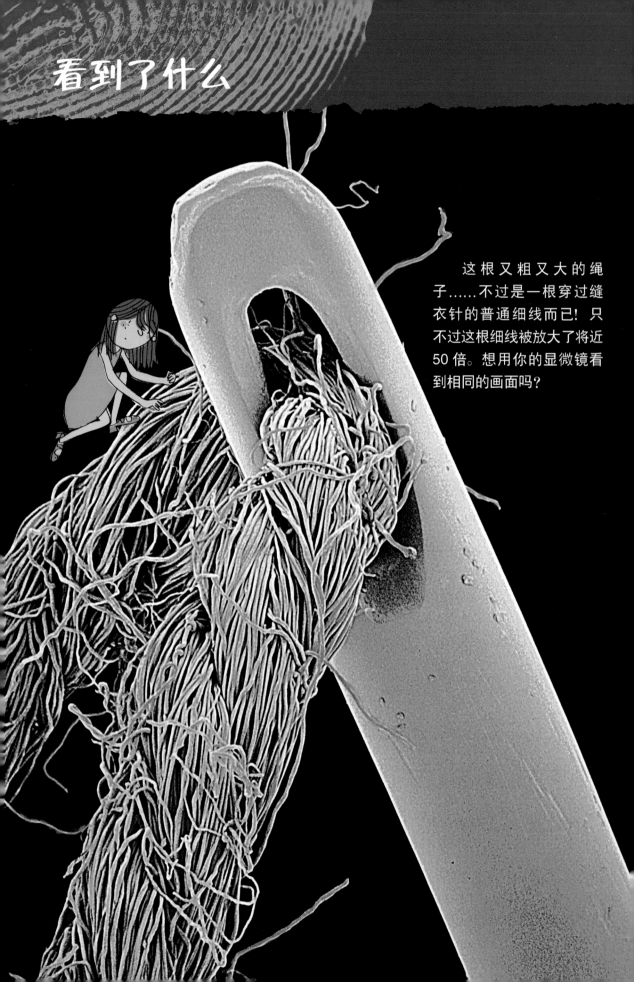

看到了什么

这根又粗又大的绳子……不过是一根穿过缝衣针的普通细线而已！只不过这根细线被放大了将近50倍。想用你的显微镜看到相同的画面吗？

1 将玻璃片轻轻塞到小夹子下面固定好，再把台灯拿到上方照亮。

实验准备：
● 一台显微镜
● 一个粘有细线的玻璃片
● 一个台灯

2 扭动转换器，换到最短的物镜。

小窍门

把目镜向左转到不能再转。虽然这样放大的倍数最小，但图像却最清楚。不要使用最长的物镜，它看到的图像常常是模糊的。

3 转动旋钮，把物镜降到最低。不要用力过猛，以防弄坏机器！

什么都没看到？

● 确认物体在小洞的中央。

● 确认你已经用台灯照亮物体。

● 如果光线太强晃得你头晕，可以转动小镜子减弱亮度。

● 确认物镜调整到位。（有没有听到"咔嚓"声？）

● 调整一下玻璃片的位置（你看到的是和实际相反的：如果抬高玻璃片，反而会看到它在下降）。如果看到阴影，不要再动玻璃片，重新调节旋钮吧。

● 还是看不见？再一次换到最短的物镜，然后一切重新开始！

4 通过目镜观察，同时慢慢转动旋钮抬高物镜，直到看到清楚的图像。

咔哒

5 向右扭动转换器，换到稍长的物镜。然后重新调整物镜的高度，像刚才一样。

万能的显微镜

这些"尖牙"实际上是鲨鱼皮肤上的鳞片！这样的鳞片可以让水轻松穿过，鲨鱼因而可以游得很快。科学家们用显微镜看到这些鳞片后，模仿它们的样子制作了泳衣，这些泳衣提高了游泳运动员的游泳速度！

谁在使用显微镜

生物学家

他们用显微镜观察病人肝脏、肠道和心脏上的细胞，看它们有没有受到损坏。他们也用它来观察病毒和细菌，以便打败这些制造疾病的坏蛋，治好病人。

地质学家和考古学家

地质学家使用它观测岩石，从而了解它们形成的年代，以及形成的原因，这可以帮助我们认识地球。考古学家使用它观察布料和瓷器的碎片，从而了解古人是如何生活的。

警察

警方会使用它观察从犯罪现场收集到的物体：头发、血渍、指纹……这些蛛丝马迹会帮助警方找到真凶！

你知道吗

我们可以用微纤维织出既柔软又保暖的布料。这些微纤维是用一种特殊塑料制成的，要比羊毛和普通棉线细得多。

仪器制造者

电脑、电话、手机和其他高端电子仪器中，都装有电子芯片，这些芯片是由极其细小的零件构成的。想要精确地安装这些零件，需要用到显微镜。

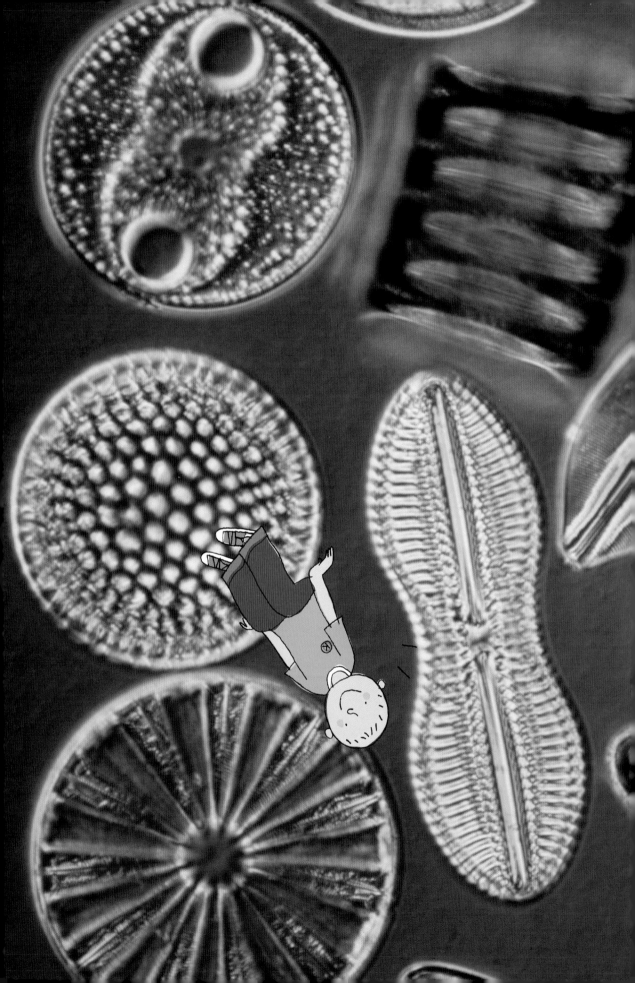

植物与菌类

　　这些"小东西"是海洋中的微型植物，它们都是由一个细胞构成的！那么其他植物的细胞是什么样子的呢？植物和菌类之间又有什么不同呢？让我们来仔细观察一下吧。

细胞是什么样

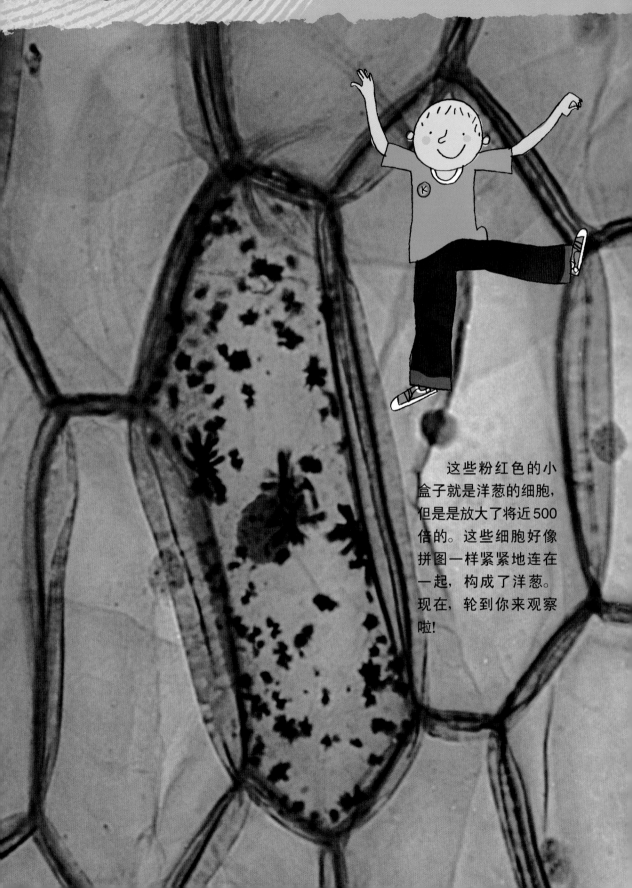

这些粉红色的小盒子就是洋葱的细胞，但是是放大了将近500倍的。这些细胞好像拼图一样紧紧地连在一起，构成了洋葱。现在，轮到你来观察啦！

观察细胞

1 让大人帮忙，把洋葱切成两半。

实验准备：
- 一个紫皮洋葱
- 一把小刀
- 一个玻璃杯
- 一个放大镜（至少 x20）
- 一台显微镜

2 用指甲将紧贴在一起的两片洋葱分开，找到它们之间的粉色薄膜了吗？把薄膜撕下，铺平贴在玻璃杯壁上。

对还是错

一个洋葱是由上百个细胞构成的。

错！是由上百万个细胞构成的！构成的一个洋葱的细胞大约为 1 毫米的 1/50～1/10。

3 把玻璃杯拿到光亮处，用放大镜观察薄膜，你观察到了什么？

4 撕一块薄膜粘在玻璃片上拿到显微镜下观察（按第 15 页的方法从下方照亮玻璃片，再按第 17 页展示的方法来观察）。

我们借助放大镜，可以看到好多"小盒子"——这就是洋葱的细胞！它们的厚度就和你撕下来的薄膜一样！在显微镜下，我们可以清楚地看到小盒子的边缘。其实，小盒子里面装满了液体，里面中间的位置上有一个深色的圆点——它就是细胞核。细胞是最小的有生命的物体，每一个细胞都像一个小工厂，这些小工厂不断运行才保证了植物生命的存续。想认识指挥工厂的小长官吗？快翻页吧！

谁在指挥

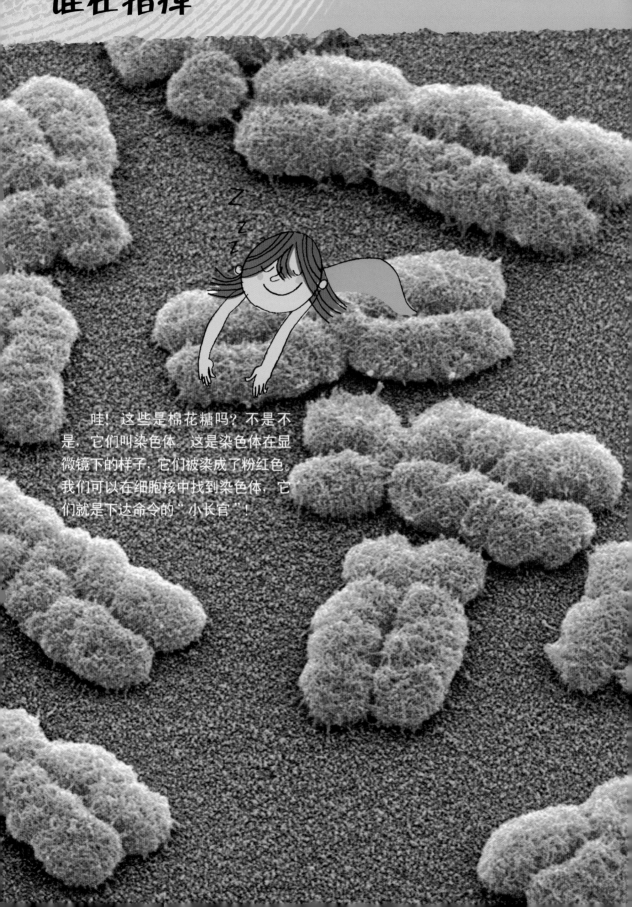

哇！这些是棉花糖吗？不是不是，它们叫染色体。这是染色体在显微镜下的样子，它们被染成了粉红色。我们可以在细胞核中找到染色体，它们就是下达命令的"小长官"！

小小的基因

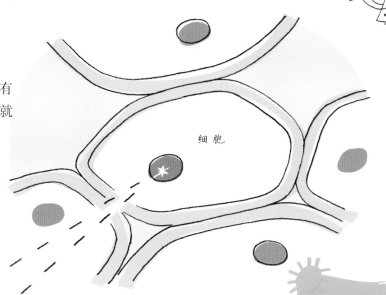

这就是细胞

在细胞里面，还有一个"小口袋"，它就是细胞核。

细胞

细胞核

到细胞核里去看看

细胞核的大小约为1毫米的1/200。在细胞核里有两根交叉成X形的"小棒"，这两根"小棒"就是染色体。

染色体

走近染色体

每根染色体都是一根长长的、编织混乱的链条，这就是基因链（DNA）。

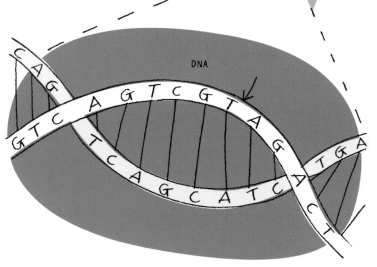

DNA

DNA中"写"着一组"程序"，就好像写在电脑里的程序一样。这些程序指挥细胞应该做些什么，它们下达的"命令"就叫作"基因"。

获得能量

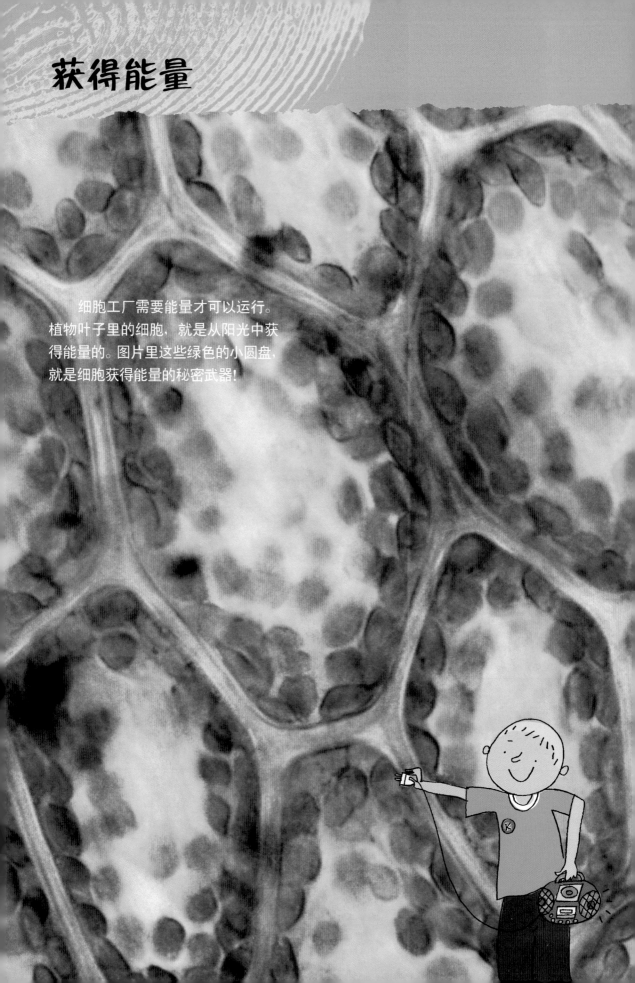

细胞工厂需要能量才可以运行。植物叶子里的细胞，就是从阳光中获得能量的。图片里这些绿色的小圆盘，就是细胞获得能量的秘密武器!

小小 "太阳能板"

空气

空气中含有不同的气体"粒子"：
二氧化碳（CO_2）、氧气（O_2）……

CO2

CO2

O_2

O_2

O_2

光合作用

植物把空气中的 CO_2 吸到肚子里，然后把 C（碳元素）留下，用来制造可以形成叶子的新细胞，而把 O_2 吐出去。能做到这些，多亏了来自太阳的能量。

细胞

叶绿体

你知道吗

气体中不同的粒子是这样写的：
- 碳：C
- 氧气：O_2
- 二氧化碳：CO_2

C 和 O_2 结合在一起，就生成了 CO_2。

对还是错

洋葱可以进行光合作用。

对。由于细胞有叶绿体，几乎所有的植物都可以进行光合作用。在第 23 页的小实验中，我们并没有看到叶绿体，那是因为洋葱长着灰白的叶鞘，它长在泥土下，洋葱的叶绿素都藏在生长于土壤的叶子中。

能量

植物是如何吸取阳光中的能量的呢？这都是叶绿体的功劳。叶绿体就是图片中装满了叶绿素的绿色小圆盘。它们就好像"太阳能板"一样工作。

这是一片树叶在显微镜下的样子。这些奇怪的小眼睛是怎么回事儿？其实，它们是非常细小的小孔！

小孔万岁

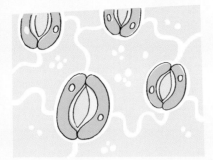

植物的叶子上布满了这种细小的小孔！它们就是植物的"气孔"。气孔位于两个长成豌豆形状的特殊细胞中间。

对还是错

如果天气太热，植物中的水分就会全部从气孔里跑出去。

错！天气越热的时候，植物越要关闭几个小孔，以便保存水分，避免干死。

如果没有这些小孔，植物就不能呼气，也没有办法进行光合作用！因为，植物就是通过气孔来吸入二氧化碳（CO_2）吐出氧气（O_2）的。

正是因为有了气孔，植物才能够"出汗"——植物里的水分会通过气孔跑到空气中。叶子里的水分不断从气孔里跑出去，就形成了一种向上吸的力量，就好像小朋友用吸管喝水一样！于是，土里的水分被植物的根吸收之后，植物的茎就会把水分输送到植物的枝和叶，然后，这些水分再通过树叶气孔蒸发到空气中。

小朋友可以尝试撕下葱叶上的薄膜，放到显微镜下面观察气孔。但是，如果想要看到图片中这种立体感很强的气孔，就只能用电子显微镜了！

菌 类

双孢蘑菇又叫白菇，它们在这些大口袋里生长。和植物一样，白菇同样会把根扎进泥土中，也同样不能够四处移动。但是，白菇并不是植物。

观察菌类

1 用指甲从蘑菇表面撕下薄薄的一片，放在玻璃片上。

实验准备：
- 一朵新鲜的白蘑菇
- 一个玻璃片
- 一个放大镜（至少 x 20）
- 一台显微镜

2 用放大镜观察蘑菇表皮的反面，它的样子让你想到了什么？

3 把这一小块蘑菇表皮放到玻璃片上，然后拿到显微镜的载物台上观察。

对还是错

和植物一样，蘑菇通过光合作用来制造能量。

错！蘑菇靠其他的生物来维持其自身的生存。它们不能像植物一样自己制造养分。↓见图。

4 观察表皮的反面。按第 15 页的方法从上方照亮蘑菇，再按第 17 页展示的方法来观察。你看到了什么？

你会在放大镜和显微镜下，看到很多细丝。这些细丝是由一些长得长长的细胞排列在一起构成的。你之所以看不到隔开这些细胞的薄膜，是因为它们并不是透明的。我们可以很容易地分开这些挨在一起的细丝、一条细丝几乎就是一个细胞！之前我看到的植物细胞可要比它们"团结"得多。蘑菇不属于植物，更不是动物，它们是一类不同的生物。

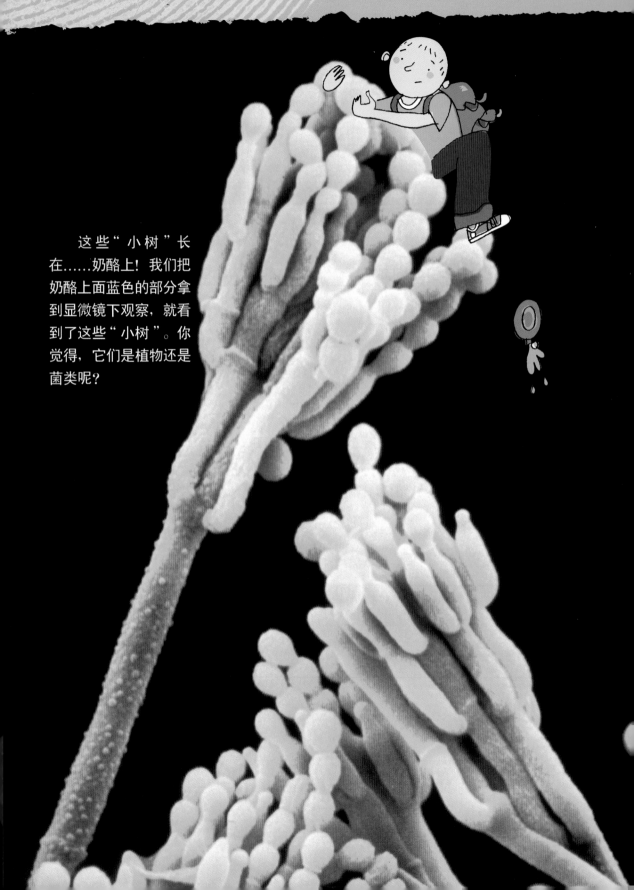

霉

这些"小树"长在……奶酪上！我们把奶酪上面蓝色的部分拿到显微镜下观察，就看到了这些"小树"。你觉得，它们是植物还是菌类呢？

观察霉

1 让开了封的干酪在小口袋中慢慢发霉。

实验准备：
· 一袋开封的干奶酪
· 一把小刀
· 一个玻璃片
· 一个放大镜（至少 x 20）
· 一台显微镜

2 用小刀将干奶酪上的霉轻轻刮下，铺开放到玻璃片上。

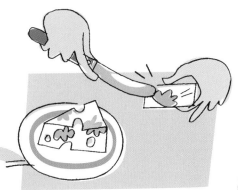

真真假假

有些种类的霉可以治病。

真的！青霉素就是从一种特殊的霉中提取的药。它是一种抗生素，可以杀死其他让我们生病的细菌。

3 用放大镜观察铺得最薄的地方，你看到了什么？

4 把玻璃片放到显微镜下面，按第 15 页的方法从下面照亮玻璃片，然后按照第 17 页的方法来观察。

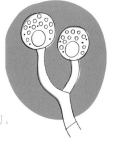

在放大镜和显微镜下，你会看到很多不同的条纹和细丝，和我们观察蘑菇时看到的非常相像。其实，霉就是一种微小的菌类！面包上的霉也是这种形状，只不过更小一些——好像一根藏着圆形帽子的小竿！有一些是可以食用的，对身体有益，但千万不要吃那些发霉的食物，那样你会生病的！

繁　殖

这些带刺儿的小球就是花粉粒！小虫子来采蜜的时候，它们会粘在虫子的绒毛上。当虫子飞到另一朵花上时，授粉就完成了。那么菌类是如何繁殖的呢？

观察孢子

1 拿来一朵新鲜的蘑菇，将蘑菇上部的"小伞"和"伞柄"分开。

实验准备：
● 一朵新鲜的白蘑菇
● 一块深色的纸板
● 一个空碗

2 看看"小伞"的里面，你看到了什么？

你知道吗

花粉是花朵用来繁殖的雄性颗粒。它们大小不一，可以是 1 毫米的 1/5，也可以是 1 毫米的 1/500。

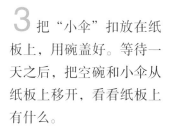

3 把"小伞"扣放在纸板上，用碗盖好。等待一天之后，把空碗和小伞从纸板上移开，看看纸板上有什么。

　　首先，在"小伞"的里侧，你会看到好多线条形的小裂缝。然后，在纸板上你会看到一幅和"小伞"里侧十分相像的图案，图上也有好多细线。这些细线是由多个孢子组成的。孢子是一种非常微小的颗粒，它们存在于"小伞"中，纸板上的图案即是"小伞"中的孢子掉落下来形成的。而蘑菇正是用孢子来繁殖后代的。在大自然中，孢子从蘑菇的"小伞"中落下，若刚好落入适合它们生长的环境里，新的小蘑菇就会长出来啦！

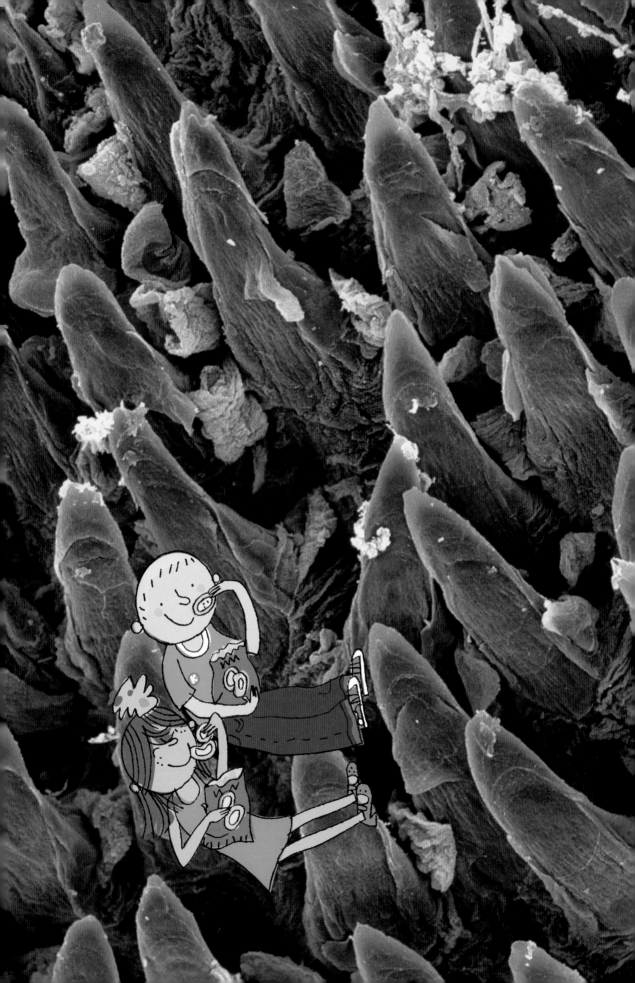

人类的身体

你知道在哪里可以见到图片中这些尖尖的东西吗？答案是在你的舌头上！只是图片中的舌头是被放大了100倍的。用显微镜来观察我们的身体，是一件非常有趣的事。我们的身体是由约100万亿个细胞组成的，这些细胞通常要比植物的细胞小一些，它们中的每一个都有着属于自己的外形和功能。

头 发

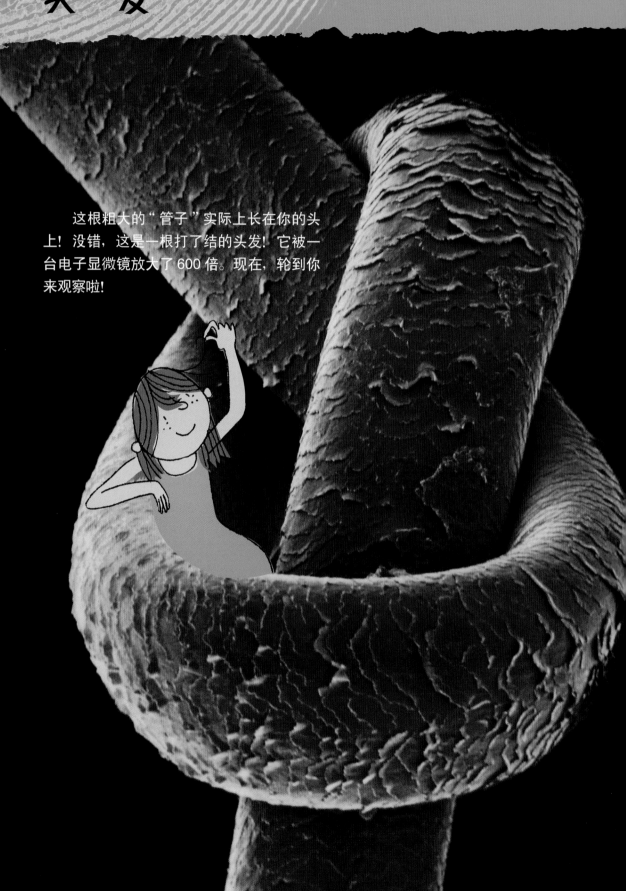

这根粗大的"管子"实际上长在你的头上！没错，这是一根打了结的头发！它被一台电子显微镜放大了 600 倍。现在，轮到你来观察啦!

比较不同的头发

1 把两根头发并排放在杯底上。

实验准备：
- 一根黑头发和一根白头发
- 一卷透明胶带
- 一个玻璃杯
- 一个放大镜（至少 x 20）

2 把头发拉直，并用透明胶带固定好两端。

你知道吗

黑发里的黑色素非常深，所以头发看起来是黑色的。金色和红棕色头发里的黑色素掺杂了一些其他物质，所以它们看起来就偏黄和偏红了。

3 用放大镜观察头发。你看到的头发是有颜色的吗？有没有觉得它们有些透明？

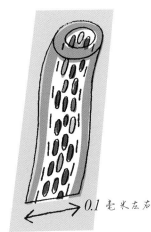

→ 0.1 毫米左右

黑色的头发看起来完全是黑色的，而白色的头发看起来有些透明。实际上，和铅笔外面涂上的颜色不同，头发的颜色并不存在头发的外侧，它们就好像一根根近似透明的管道。在我们年轻的时候，管道里会有很多叫作黑色素的小颗粒。就是这些小颗粒让头发有了颜色。可是当我们变老的时候，有些头发里就没有黑色素了，于是它们就变白了。

皮 肤

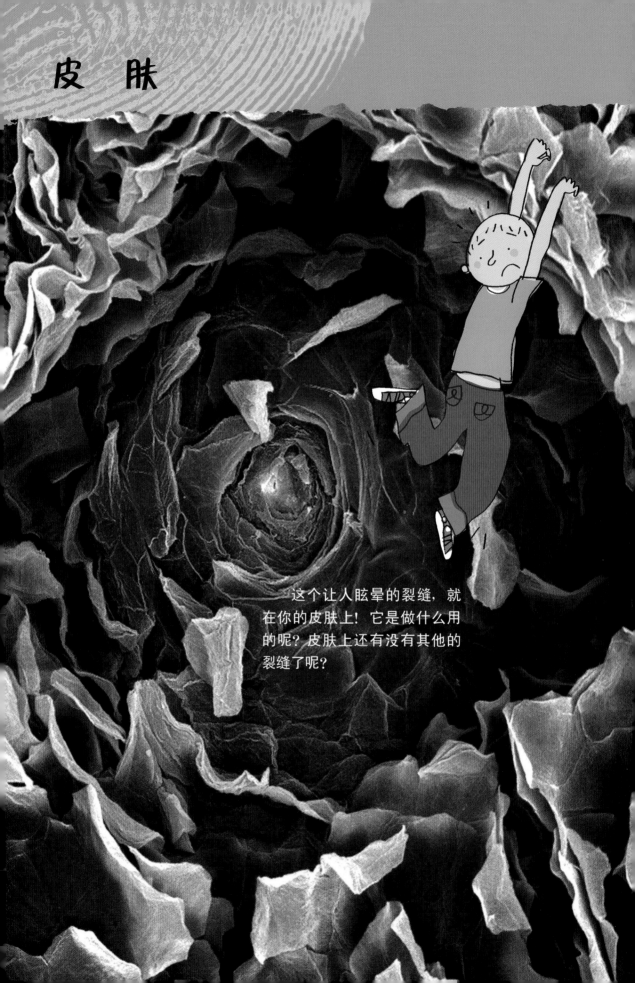

这个让人眩晕的裂缝，就在你的皮肤上！它是做什么用的呢？皮肤上还有没有其他的裂缝了呢？

皮肤的表面

一层细胞……

皮肤也是由细胞构成的，和你身体的其他部分一样。在皮肤上圈出一个边长为 1 厘米的小方块，这里面的细胞就有 50 万个！

……死掉了

但是，那些你可以看到的位于皮肤表面的细胞，好几个星期前就已经死掉了！就比如你双手表面的细胞。而那些活着的细胞，都在皮肤的下面呢。

永远是新的

死掉的细胞就会从皮肤上掉落，而它下面的细胞就会来接替它。28 天的时间，你身体上能被看见的皮肤就已经全部更新一遍啦！

对还是错

我们的身体里，每秒钟都会有上百万个细胞死掉。

对，和皮肤上的细胞一样，它们很快就被换新的细胞替代了。

毛孔……

在某些细胞之间，会有一些很小的洞，它们就是毛孔。每个毛孔的直径约只有0.1毫米。

……用来出汗

你的皮肤上大概有200 万个毛孔。天气热的时候，你体内的汗液就是通过这些毛孔排到身体外面的。

指 纹

　　看看你手指尖上的条纹，它们可以在你触摸过的任何物体上留下痕迹。你知道为什么吗？另外，警察叔叔可以在犯罪现场找到罪犯留下的指纹，他们是怎么做到的呢？

发现指纹

1 让你的小伙伴用手拿起玻璃杯，再放下。

实验准备：
● 一个干净的玻璃杯
● 一些滑石粉（爽身粉）
● 一个小伙伴

2 小心地抓住杯子边儿把它拿起来，再把滑石粉撒在上面。

另一个小实验

用指尖在玻璃片上按一下，然后把玻璃片拿到显微镜下观察，记得要从下方照亮。这时你就会看到组成指纹的一个个油脂粒啦！

3 用力吹掉玻璃杯上的滑石粉。

4 看到玻璃杯上留下的指纹了吗?

你会在玻璃杯上发现小伙伴留下的指纹，这是因为我们的皮肤被许多非常微小的油脂粒覆盖着，所以当小伙伴拿起杯子的时候，杯子上面便会留下我们肉眼看不见的小伙伴手指上的油脂痕迹。真的看不见吗？只要在上面撒上滑石粉就可以了，因为滑石粉会粘在油脂上，吹去表层的滑石粉，指纹图案就出现了。警察叔叔就是这样找到指纹的。指纹的形状和我们手指尖上条纹的形状一样，而每个人的指纹形状都不同。警察叔叔用放大镜观察指纹，并进一步确定它们到底是属于谁的。

血　液

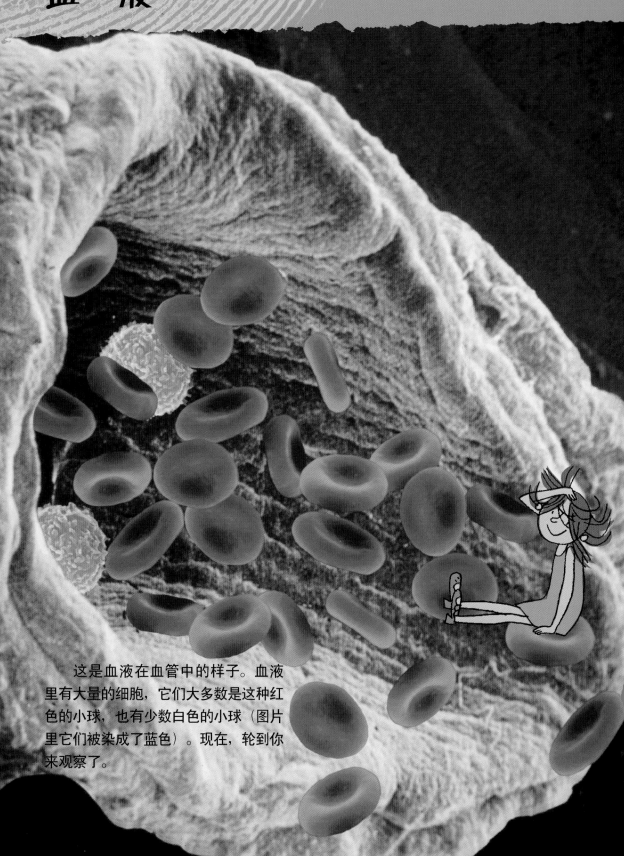

　　这是血液在血管中的样子。血液里有大量的细胞，它们大多数是这种红色的小球，也有少数白色的小球（图片里它们被染成了蓝色）。现在，轮到你来观察了。

观察血细胞

1 让大人用针在指尖扎一下。

实验准备：
- 一位成年人
- 一根针
- 一台显微镜
- 一个玻璃片
- 一张薄纸片

2 轻轻按压指尖，你会看到血滴出现。

真真假假

有些血管比一个血红细胞还要窄。

真的。它们是毛细血管。毛细血管也会稀释血液，能使主要器官获得血液需要的氧气。血红细胞需要改变自己的形状，才能进入人体细胞里！

3 把血滴滴在玻璃片上，用薄纸片盖好。

4 在显微镜下观察玻璃片，按第 15 页的方法从下方照亮玻璃片，再按第 17 页展示的方法观察。

你会在显微镜下看到很多小红点——血红细胞。它们就像一些中间有些凹陷的红色小圆盘，其大小大约只有 1 毫米的 1/150 ！血红细胞将氧气送到身体不同器官的细胞里，不然这些细胞就会死掉！在显微镜下很难看到白细胞，但是它们也非常重要。白细胞可以打败那些让我们生病的细菌。

什么是细菌

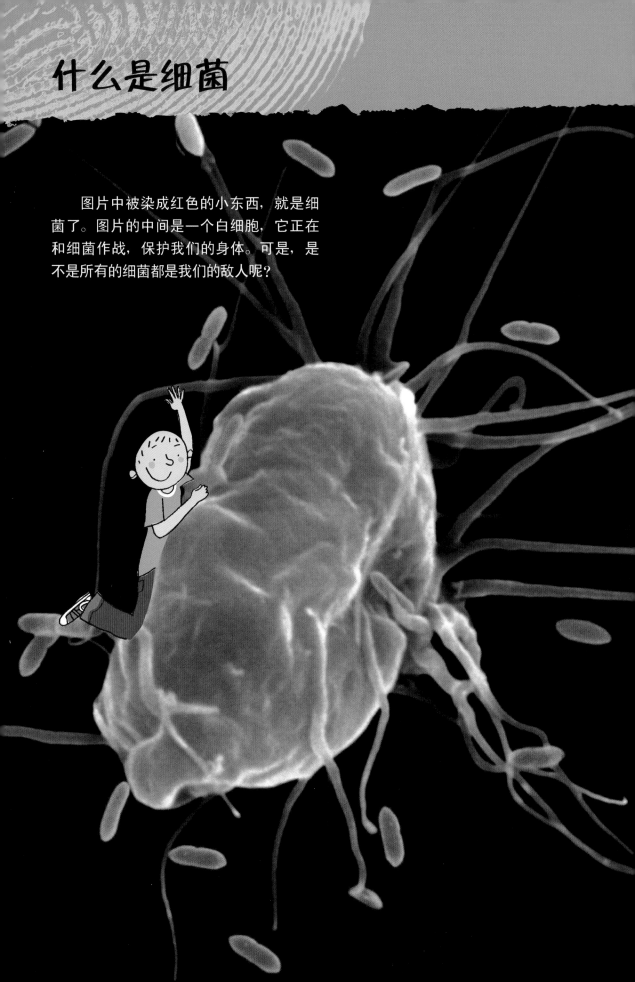

图片中被染成红色的小东西，就是细菌了。图片的中间是一个白细胞，它正在和细菌作战，保护我们的身体。可是，是不是所有的细菌都是我们的敌人呢？

是敌是友

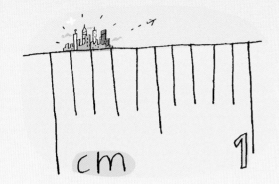

小小生物……

细菌是由一个没有细胞核的细胞构成的。它们是最小的也是构成最简单的生物。大多数细菌约只有 1 毫米的 1/1000 大！

细菌……随处都有

有数以亿计的细菌活跃在空气中、水中、植物中、动物中，以及我们的身体里！它们可以迅速地繁殖——有些可以在几小时的时间里繁殖出 100 万个后代！

对还是错

在常见的纸盒包装的牛奶中，存有大量的细菌。

错！为了让牛奶能够保存长时间而不变质，我们必须将牛奶中的细菌都杀死。因此，牛奶被人们装入纸盒之前，我们会将牛奶加热到 140℃的高温，然后再将其迅速地冷却（超高温灭菌法）。

祝你好胃口！

对身体有益……

大部分的细菌都不会伤害我们。证据：在 1 克酸奶中，就有 1 亿个细菌！有些细菌甚至对我们的身体有益，比如我们的肠道中就住着 100 万亿个细菌，它们可以帮助我们消化食物。

……也可能有害

但是，也有些细菌会让我们生病，比如猩红热。为了保护我们的身体，白细胞会把这些细菌"吃光"。可有时候，我们需要服用抗生素才能把它们全部消灭掉。

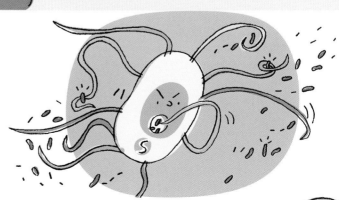

什么是病毒

让你发烧、浑身酸痛、头疼的大坏蛋就是——流感病毒！这张图片中的病毒，是被放大了50万倍的！病毒和细菌有什么区别呢？快来看看吧！

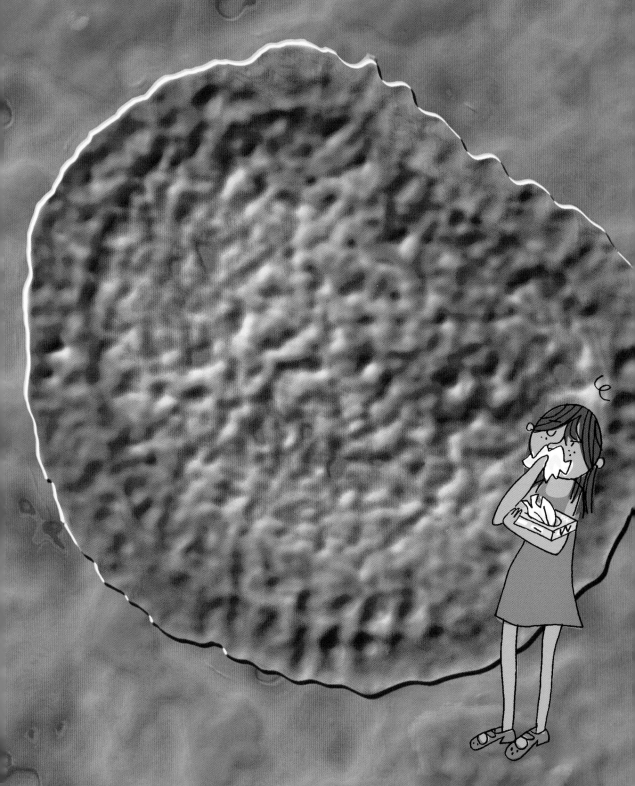

永远的敌人

更小

病毒大约有细菌的 1/10 000 大。70 年前，人类发明了电子显微镜，我们因而第一次看到了病毒。

没有生命

病毒不能独自生存，你可以认为它是没有生命的。病毒想要繁殖，就必须找到一个细胞，然后钻进去。如果细胞死掉了，新繁殖出来的病毒们就会去攻击下一个目标。

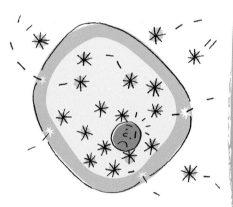

你知道吗

1885 年，巴斯德研制出狂犬疫苗，并用它救活了一名被小狗咬到而感染狂犬病病毒的小男孩儿。今天，我们已经有了对抗流感、麻疹等很多病毒的疫苗。但是，对抗艾滋病的疫苗还没有被研制出来。

让我们生病的坏蛋

病毒可以感染细胞，带来疾病。病毒引起的疾病与细菌引起的不同，它可能会让我们患上流感和其他一些很严重的疾病，比如艾滋病。为了不被病毒感染，我们需要注射疫苗。

疫苗

生物学家会取来一些病毒，并让它们丧失攻击细胞的能力。然后，他们把这些经过处理的病毒通过注射器注射到我们的身体里。于是，我们的细胞就"认识"它们了，当真正的病毒到来的时候，细胞就不会害怕了。

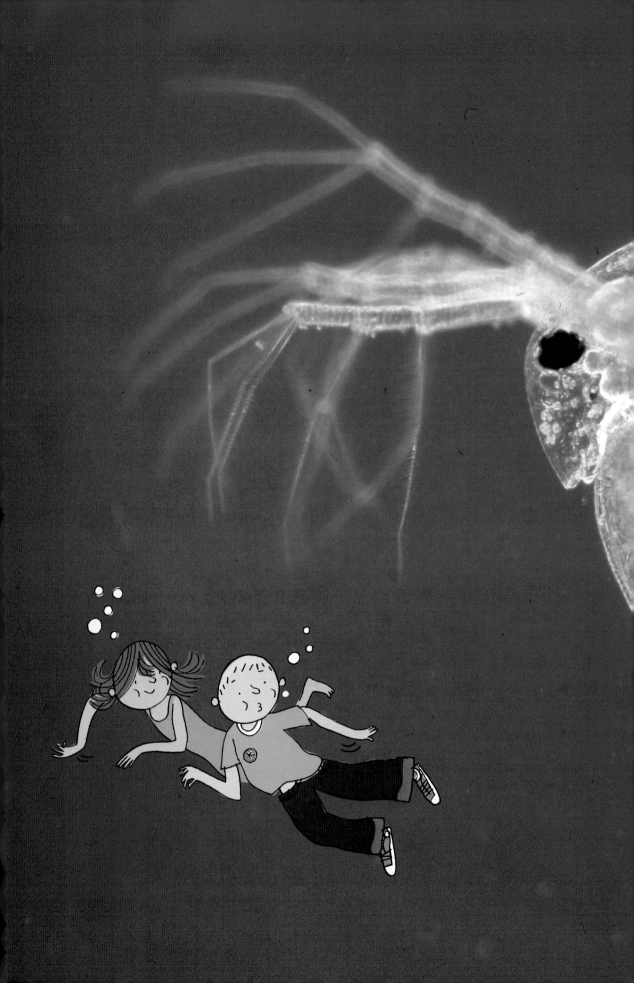

昆虫及其他动物

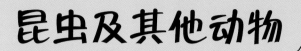

　　有了显微镜，我们就可以观察到那些遍布周围的微小动物了。比如这只水蚤，它是一种生活在水中的甲壳类动物，身长约4毫米。通过观察这些小动物的一些细枝末节，科学家们就可以了解它们的身体是如何工作的。

羽 毛

这只孔雀正在开屏以吸引异性。鸟类的羽毛不仅仅只有这一用途。鸟儿飞行时，羽毛还可以通过"按压"空气，托起鸟儿的身体，以助它们飞行。可是，空气为什么不会从羽毛之间穿过呢？

小鸟的秘密

实验准备:
- 一根小鸟的羽毛
- 一把圆规
- 一个放大镜(至少 x20)
- 一台显微镜

1 用眼睛观察这根羽毛上的毛毛,然后试着把它们分开,不太容易对不对?

2 用圆规的尖头将两根毛毛分开,然后拿到放大镜下观察。它们的边缘是什么样子的?

3 把这根羽毛夹到载物台上,并把毛毛分开的地方放到中间。

注意

如果你捡来的羽毛上没有羽小枝,那它很有可能是一根绒羽。这种毛绒绒的小羽毛是鸟儿们用来御寒的。再重新去找一根羽毛来做实验吧!

4 按第 15 页的方法从下面照亮羽毛,然后按照第 17 页的方法观察。

这些毛毛叫作"羽枝"。如果你试着分开它们,会感到有些费力,就好像有什么东西把它们钩在一起。我们可以在放大镜或显微镜下找到问题的答案!原来,每一根羽枝上都长着许多微型的小钩——羽小钩,这些羽小钩就好像拉链上面的小牙一样,一个咬住一个,空气也不能从它们中间穿过。小鸟经常用嘴梳理羽毛,这是为了让羽小钩更牢固地咬合在一起。

鳞　片

这是龙的皮吗？错，这是鬣蜥的皮！鬣蜥是一种大型蜥蜴，它们的皮肤上布满了鳞片。鱼类也有鳞片。你知道吗，这些鳞片上都藏着微小的记号哟!

小鱼几岁了

1 向卖鱼的叔叔或阿姨要一些黄花鱼的鱼鳞。

实验准备：
- 几片鱼鳞
- 一个玻璃杯
- 一个放大镜（至少 x20）
- 一台显微镜

2 把鱼鳞放在扣放的玻璃杯杯底上，用放大镜观察，你看到了什么？

3 试着数一数鳞片上的圈圈。

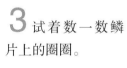

小贴士

这里说到的鱼鳞的共同特点还适用于金枪鱼、鳕鱼、鲭鱼、鲈鱼、狗鱼、大鲮鱼、三文鱼、鳟鱼及鲽鱼的鳞片，但不适用于鲨鱼、带鱼和鳐鱼的鳞片，因为它们的鳞片十分特殊，好像有很多小小的牙。

4 把鳞片放到玻璃片上，然后拿到显微镜下观察。按第 15 页的方法从下方照亮鳞片，再按照第 17 页的方法观察。

在放大镜和显微镜下面，你都会看到许多小圈圈。这些小圈圈会让我们想到树的年轮——每过一年，年轮就多上一圈。类似的，鳞片上的小圈圈也会伴随着小鱼的长大而变多。但是，一年的时间里，鳞片上可能会多出 1 圈、2 圈、3 圈……最多可能会多出 20 圈！这取决于小鱼的种类及水的温度。因此，如果你在鳞片上数出 20 个小圈圈，那么，这条小鱼最少有 1 岁，最多有 20 岁。

昆虫

这是一只巨型蚂蚁？不，它只是一只普通的蚂蚁，只不过被电子显微镜放大了50倍。那生活中会不会真的有如此巨大的蚂蚁呢？或者，会不会有长得像小狗一样大的苍蝇呢？

不得不小

严酷的环境

你可能已经注意到，昆虫的外部一般都很坚硬。这层甲壳，就是它们的骨骼！而甲壳里面的身体，就很柔软了。

真真假假

最大的昆虫有 40 厘米长。

其实，昆虫远远没有一根棍子那么长，它们之中又长又大的，也就是铅笔那么长了。

与我们相反

我们的身体恰好和昆虫相反：我们的骨骼是由坚硬的骨头组成的，长在身体的里面，而肝脏、肾脏等十分柔软的器官，被骨骼包围着。

为什么不一样

这些昆虫太小了，它们常常会被比自己大的动物踩到。如果它们的器官没有盔甲保护的话，它们将很容易死掉！

沉重的甲壳

由于甲壳的缘故，昆虫是不可能长得像大象那么大的，像小狗那么大也不可能。因为，甲壳变大的同时也会变重，会压得昆虫站不起来！

还是昆虫

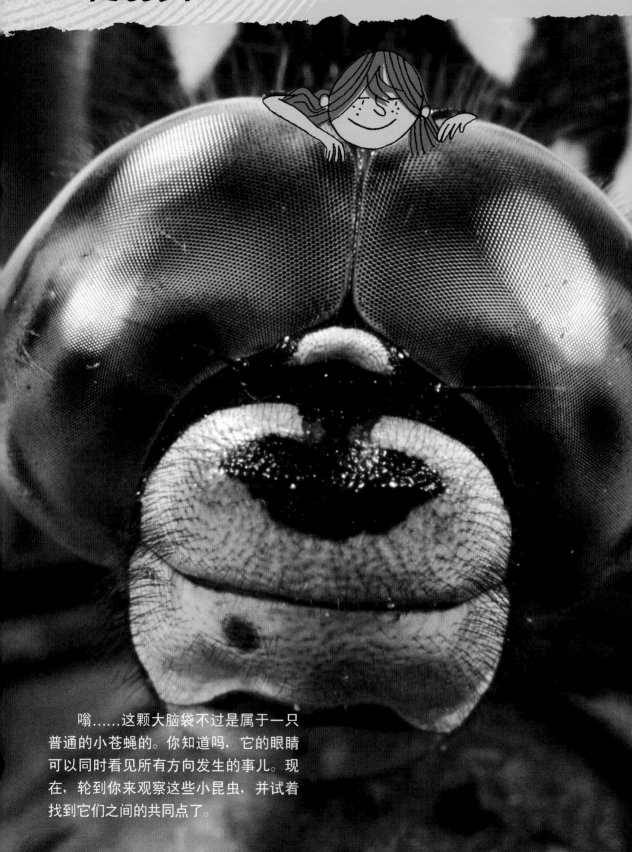

　　嗡……这颗大脑袋不过是属于一只普通的小苍蝇的。你知道吗，它的眼睛可以同时看见所有方向发生的事儿。现在，轮到你来观察这些小昆虫，并试着找到它们之间的共同点了。

虫虫大揭密

1 和大人一起在家里寻找各种小虫子的尸体，你或许可以在灯泡附近和天花板上找到它们。

实验准备：
- 一个放大镜（至少 x20）
- 一位成年人
- 一个玻璃杯
- 一台显微镜

2 把小虫子的尸体放在扣放的玻璃杯杯底上，用放大镜仔进行观察。

真真假假

虱子有 8 条腿，这样它就可以牢牢地抓住我们的头发了。

假的！虱子属于昆虫，只有六条腿。不过由于身体中有六条腿，你就被它骗倒了。

3 然后，再把它们放到玻璃片上并拿到显微镜下，按照第 15 页介绍的方法从下方照亮小虫，并按照第 17 页的方法观察它们。

1，2……
呸！！

4 试着观察细节，比如，这些小虫子有几只脚？它们的身子是由几部分构成的？

你找到的小虫子有 6 条腿吗？它们的身子是不是分为三部分：一个头、一个短短的胸，还有一个长长的腹部？如果是，那么它们是昆虫就没错啦，所有的昆虫都是由这三部分构成的。有些昆虫还长有翅膀，例如苍蝇等小飞虫；有些昆虫没有翅膀，例如小蚂蚁。如果你找到的"小虫"的腿多于 6 条，那它可就不是昆虫啦，它有可能是一种蛛形纲动物，它们长有 8 条腿。

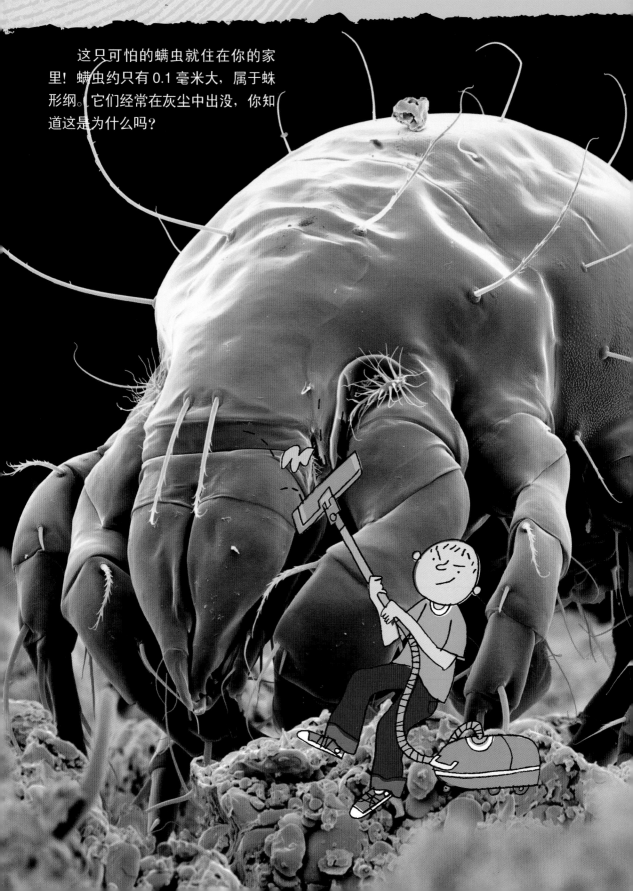

螨　虫

这只可怕的螨虫就住在你的家里！螨虫约只有 0.1 毫米大，属于蛛形纲。它们经常在灰尘中出没，你知道这是为什么吗？

灰尘大搜寻

1 用玻璃片反复刮擦布满灰尘的地毯。

实验准备：
- 一个放大镜（至少 x20）
- 一块玻璃片
- 一台显微镜

2 用放大镜观察玻璃片上的灰尘，你看到了什么？

真真假假

我们的床垫里有超过 100 万只螨虫！

真的！螨虫喜欢灰尘，因为我们每个人每天大概有 1.5 克的皮屑从我们的身上掉落到床上，这可是它们的美餐！对螨虫过敏的人，会使用一种特殊的床垫，并且需要经常清洗它。

3 把带有灰尘的玻璃片轻轻夹到显微镜的载物台上。

4 按照第 15 页的方法从下方照亮，然后按照第 17 页的建议观察，你看到了什么？

在放大镜或是显微镜下，你会看到很多灰色的和彩色的块状物及细丝等，它们主要是皮肤的碎屑、毛发、纸片、碎布……它们构成了灰尘，也是螨虫喜爱的食物，所以螨虫十分喜欢在灰尘中生活！你刚刚肯定没有看到它们，因为它们是透明的，用光学显微镜是很难看到的它们的，况且，你收集的灰尘中可能并没有螨虫。

晶体、沙和岩石

　　看，多美的雪花啊……这是我们拍的它们融化前的照片！除了雪花，晶体也非常美丽，并且更容易观测。此外，如果我们用显微镜来观察石子，就有可能会发现一些很有用的小细节，这些细节会告诉我们这些小石子是从哪里来的，以及这几百万年以来地球上都发生了什么……

晶　体

这些被染成蓝色的块状物是盐粒！盐粒永远都是这种形状的吗？我们为什么把类似的固体叫作"晶体"呢？

制造晶体

1 撒一些食盐在扣放的玻璃杯杯底上，然后用放大镜仔细观察。它们是什么形状的？

实验准备：
- 少量食盐
- 一个玻璃杯
- 一杯水
- 一个放大镜（至少 x20）

2 把手指伸入装有水的水杯中蘸一蘸，然后借助手指滴一滴水在杯底的食盐上。

你知道吗

这些在食盐中互相连接的小圆球，就是原子。水、桌子、石头还有你自己，都是由原子构成的。通常，这些原子都会以某种特殊的方式连接在一起，但并不一定会构成晶体。但有时候，原子会构成晶体，比如盐、糖和钻石。

3 用手指轻轻地搅拌一下水滴与食盐，现在你还能看得到盐粒吗？

4 等待两小时，让食盐慢慢变干。这时，你又看到盐粒了吗？它们的形状和你之前在放大镜下看到的一样吗？

盐粒的形状是个立方体，和水混合后，会慢慢溶于水中，待水分蒸发后，便又会再次出现！这是为什么呢？这些小小的盐粒，叫作晶体。晶体是由一些以特别的方式连接在一起的小圆球构成的，是包含着几个面的立体形状的。而在水中的时候，这些互相连接的小球会断开，食盐就溶化在水中，但是当水分蒸发后，这些小圆球又会再次以同样的方式连接在一起，形成立方体，也就是你看到的样子！

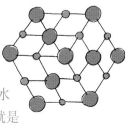

沙

在哪里能找到这么奇怪的小石块呢？普通的沙滩上就可以找到呀！没错，这些就是被显微镜放大了 50 倍后的小沙粒。

探索沙粒

1 放一些沙子在玻璃杯底上。

实验准备：

- 一些沙子
- 一个玻璃杯
- 一个放大镜（至少 x20）
- 一台显微镜

2 用放大镜观察沙子。这些沙粒的形状都是相同的吗？它们的大小一样吗？它们是光滑的还是粗糙的？

真真假假

世界上有一片沙滩，那里的沙粒都是黑色的。

真的：这种黑色的沙滩就在夏威夷的一座火山附近，是因为沙粒之所以是黑色的，因为它们都是熔岩冷却形成的。

3 用显微镜更仔细地观察沙粒，按照第 15 页的方法从下方照亮，并按照第 17 页的方法观察。

在放大镜或是显微镜下，你会看到这些沙粒的形状、大小各不相同，而且，它们看起来可能还有一些粗糙。之所以会这样，是因为这些沙粒是岩石的"碎屑"，它们是在风、雨或海水的作用下形成的。如果你看到的沙粒非常光滑，那么它们可能来自沙漠，因为在那里，岩石很久很久以前就已经被击碎，这些石头的碎屑长时间在风中互相碰撞摩擦，因而变得非常光滑。

岩 石

这是一块粉色的花岗岩，但是，它并不都是粉色的……它还有一些深色的部分。你知道这是为什么吗？

探索岩石

1 收集一些不同的小石块，如果可以的话，在海边收集最好。

实验准备：
- 一些小石块
- 一张纸
- 一支笔
- 一个放大镜（至少×20）

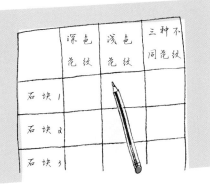

2 参照左图，在纸上画出这样一个表格。

3 把小石块放在放大镜下一个个地观察。如果小石块上有深色的斑点或花纹，就在表格中的第一列画 ×。

4 如果小石块上有浅色的花纹，就在表格中的第二列画 ×。如果你在小石块上发现了三种不同的斑点，就在第三列画 ×。

　　那些你在表格中的三列中都画了 × 的小石块，很可能就是花岗岩了。花岗岩一般由至少三种不同的成分组成：深色的部分很有可能是云母，亮晶晶的部分常常是石英，另外的部分可能是长石。花岗岩形成于地表以下几千米处，那里非常热，所有石头都是液体状态的，就好像火山里的岩浆一样，这些液体石头混合在一起，冷却后就形成花岗岩了。

过去的痕迹

这些美丽的小贝壳是一种海洋微生物,属于有孔虫类,体长只有0.1毫米。找到这些小生物并观察它们,你会知道一些关于过去的秘密……

小小化石

动物变石头

有孔虫死掉后，它的尸体会慢慢沉到海底。渐渐地，它的肉体开始腐烂，分解，消失，它的外壳和周围的沙石混合在一起。几十亿年后，有孔虫的外壳可能会变成小石头，这些小石头就是有孔虫的化石。

积累

许许多多的有孔虫外壳、沙粒、石子及泥浆等不断沉落，一层层累积于海底，越下层的沉积物的时代越久远。

你知道吗

科学家曾在一块来自火星的陨石中发现了微小动物的化石。但是，这"动物"真的是来自火星吗？还是它本来就属于地球，只是在陨石从天而降的过程中附着在了陨石的表面？这一问题，至今无解。

岩心钻探

科学家在探知海底秘密的时候，会通过岩心钻探技术，从海底抽取长长的一管泥沙，然后逐层研究这些泥沙以判断它们形成的年代。

地球的历史

科学家清点每一个分层中有孔虫的数量。如果在某一个特定的时期有孔虫大量死亡的话，即可以判定这一时期要么气候发生了巨大的变化，要么经历了一场灾难……由此我们便知晓了几十亿年前发生的事情！

物体的内部

　　把生活中常见的物品拿到显微镜下观察，你会发现很多意想不到东西。这些交错在一起的纤维来自一块放置于显微镜下的布料。今天，科学家们已不再甘于只是了解微观物体，他们正在寻求更大的突破，即制造真正的微观物体！在不久的将来，这将很可能会改变我们的生活……

纸

这个尖尖的黄颜色物体
是一支圆珠笔的笔尖！它正
在一张白纸上画出蓝色的墨
痕。这张纸上怎么会有这么
多小洞呢？

纸的秘密

1 用显微镜观察白纸，它真的那么平坦、光滑吗？

实验准备：
- 一张白纸
- 一张面巾纸
- 一台显微镜（至少 x 20）

2 撕下白纸的一角，用显微镜观察断开的位置，你看到了什么？

你知道吗

在便签的边缘上，有着好多装有胶水的微小泡泡。当我们按压便签的时候，一些泡泡就会破裂并流出胶水，但并不是所有的泡泡都会破裂。这样设计的好处是，便签不会牢牢地粘贴在物体上，而你也可以将它取下再粘贴很多次。

3 如果你找到的面巾纸有好多层，那么请将它们分开，并从中选取一张。

4 先用眼睛直接观察这张面巾纸，然后再拿到显微镜下观察，你看到了什么？

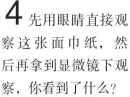

纸张并不像我们想象的那样光滑！在显微镜下，你会看到许多凹凸不平的地方。这是因为在制作纸张时，大量微小的木屑被压到了一起，形成了纤维。由于这些纤维彼此挨得十分紧密，除非你将纸撕开来，否则你是无法看到它们的。与之相反的是，面巾纸上的纤维排列得非常松散，这样做是为了让液体能够透过去，从而增强面巾纸的吸水性！所以，我们可以很轻松地看到面巾纸的纤维，甚至可以直接用眼睛看到！

尼龙粘扣

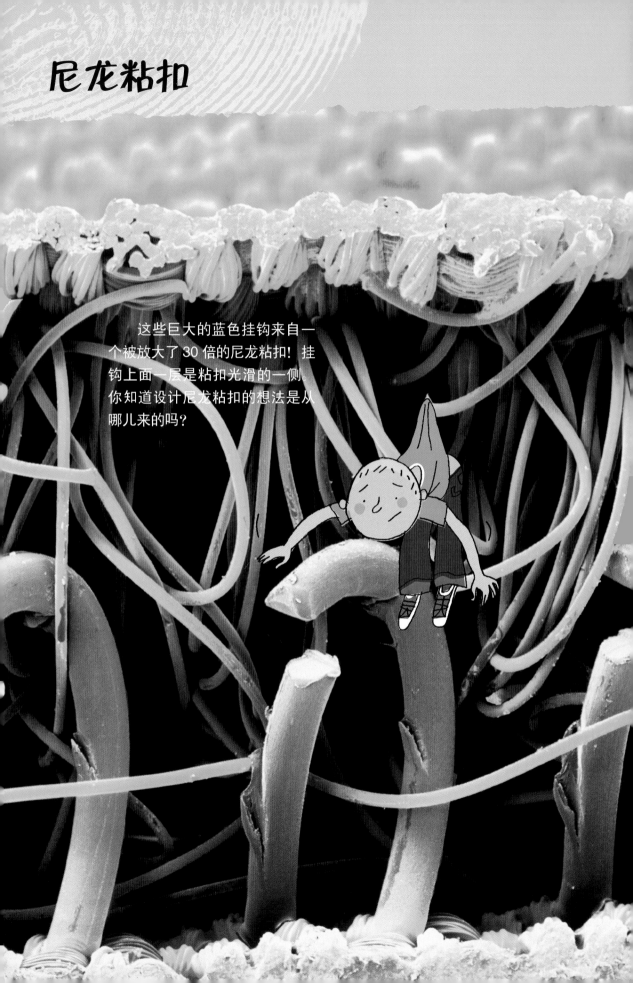

这些巨大的蓝色挂钩来自一个被放大了 30 倍的尼龙粘扣！挂钩上面一层是粘扣光滑的一侧。你知道设计尼龙粘扣的想法是从哪儿来的吗？

微型挂钩

黏人的植物

　　自然界有一种植物叫作牛蒡，它的花是一种棕色的黏人小球，无论什么物体靠近这些小球，这些小球都会粘在它们身上。如果我们走到牛蒡丛中去，我们的袜子上就会挂满这些小球！如果是小狗进去，这些小球就会粘满它的毛发。

显微镜下的观察

　　1948年，瑞士工程师乔治·德梅斯特拉尔将这些小球拿到显微镜下观察。他发现每个小球上都有十几个微小的钩状物，正是这些小钩钩住了我们衣服上的丝线和小动物身上的皮毛。

小实验

　　用一个放大倍数为20倍的放大镜观察尼龙粘扣的粗糙面和柔软面，你会看到许多微小的挂钩和圆环。真的很漂亮哦！

随意粘贴

　　奇妙的是，这些小小的挂钩十分柔软，如果我们拉扯小球，小钩就会被扯开但是却并不会折断。小球因而可以一次次粘贴。

超棒的主意

　　工程师模仿牛蒡花的构造研制出了一种布料，布料上布满了微型的挂钩。如果我们把这个布料覆盖到另一块布满了柔软的小环的布料上，它们就会自然地粘贴在一起。就这样，他发明了尼龙粘扣！

微小的图案

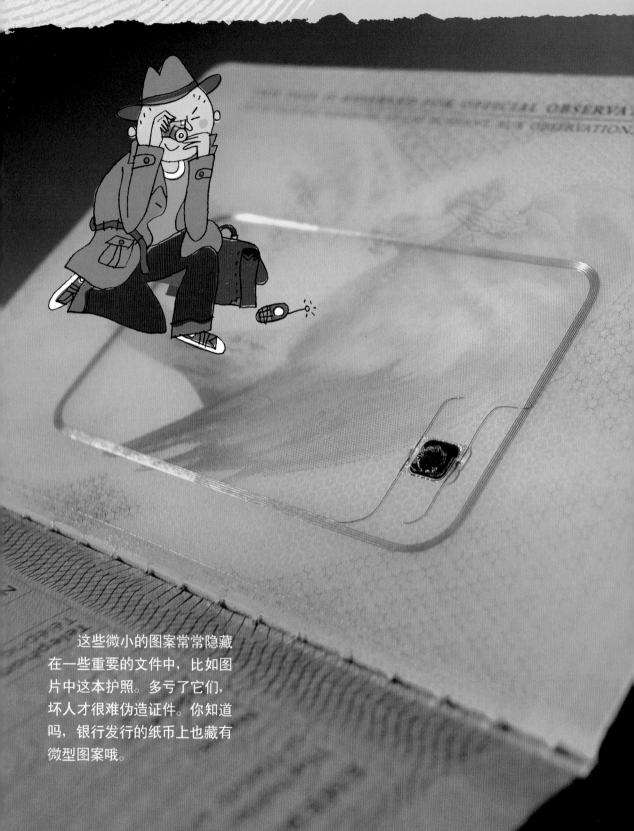

这些微小的图案常常隐藏在一些重要的文件中，比如图片中这本护照。多亏了它们，坏人才很难伪造证件。你知道吗，银行发行的纸币上也藏有微型图案哦。

观察纸币

1 观察带有银色彩带的一面。在画有立柱和圆拱的图画上寻找字母，你看到了吗？

实验准备：
● 一张 10 欧元的纸币
● 一个放大镜（至少 x 20）

2 用放大镜观察每一个圆拱，仔细寻找，你一定会在某处找到些字迹！

对还是错

微型影片就是指长度不超过 3 分钟的电影。

3 把纸币翻转过去，观察有倒影的拱桥。你在这幅图画中看到数字了吗？

错！微型影片也可以很长。事实上，有一种摄有机器或其他照片的胶片，必须借助于图片放大的方式，才能看清这些胶片的内容，被称为微缩胶片。

4 用你的放大镜观察拱桥，在桥墩和倒影的连接处你看到了什么？

用肉眼观察，我们既看不到字母也看不到数字。但是，在放大镜下，你会在某一个圆拱上看到 "euro eypn euro……" 的字样，并在桥墩和它的倒影中找到数字 "10 10 10"。这些微小的字体，是使得假币难以制作的原因之一。实际上，如果有人想通过复印真币的方式来仿造纸币，他是一定不会成功的，一个放大镜就可以帮忙识破。因为，彩色复印机的精密度不够，根本不能够复印出这些细节部分。

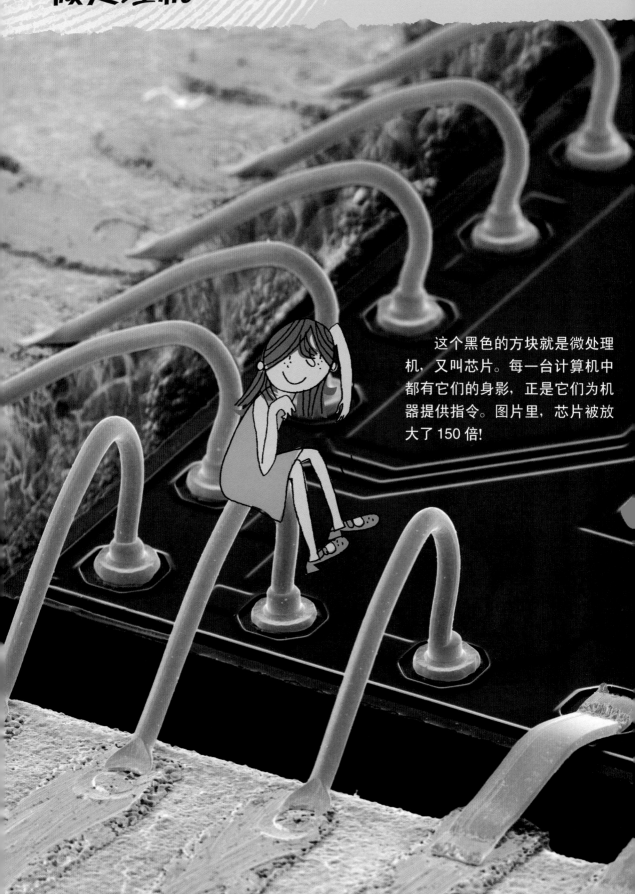

微处理机

这个黑色的方块就是微处理机，又叫芯片。每一台计算机中都有它们的身影，正是它们为机器提供指令。图片里，芯片被放大了150倍!

小·而强大

晶体管

晶体管的作用就好似一个开关。它有时允许电流通过，有时阻断电流。

0 和 1

晶体管"说"的语言仅仅由两个"字"构成：意味着电流可以通过的"1"和阻断电流的"0"。如果我们把许多晶体管聚集在一起，就形成了一个可以"讲出一句话"的电路："01110" "11110"……

电流的长征

晶体管越多，电路可以讲的"话"就越多样，电路也就越强大，与此同时，电流要跑的距离也就更加远了……

你知道吗

现在的电脑微处理器中含有超过 5 亿个晶体管！每个晶体管都不到 0.0001 毫米长，只有一根头发直径的 1/2000。

缩减路程

为了让电路既强大又快捷，唯一的方法就是缩减路程。因此，我们将晶体管制造得尽可能小，并让它们尽可能近地排列在电路中，这也成了我们所说的微处理器啦！

纳米工艺

这些是割草机上的齿轮吗？才不是！这个机器只有我们前面看到的昆虫脚一般大小！然而，世界上还存在着比它们更小的机器呢……

纳米机器要来了吗

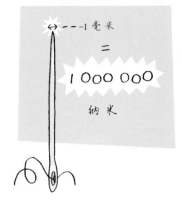

从微米到纳米

1 微米是 1 毫米的 1/1 000，1 纳米是 1 微米的 1/1 000。因此，1 纳米是 1 毫米的 1/1 000 000！

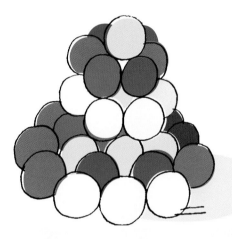

纳米技术

有了纳米技术，我们就可以用大小仅为几纳米的零件制造机器了。要做到这一点，我们需要把原子一颗一颗地排列在一起，就好像在用砖块玩搭建游戏一样。

作什么用

纳米技术可以帮助我们制造更小的晶体管，利用这些晶体管我们就可以制造更加强大的电脑啦！

你知道吗

纳米机器是用一颗一颗原子制作而成的，无懈可击。这些机器既不会磨损也不会断裂。要制造出这种机器，还需要些时日！

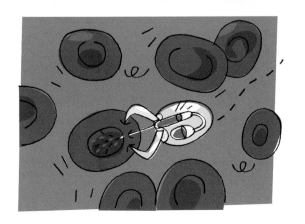

甚至可以……

或许我们还可以利用纳米技术制造出微型外科机器人，让它们进入我们的血管为我们提供治疗。这些机器人将是智能的，十分强大，但要真的可以实现，起码还要等 40 年……

从最小到最大

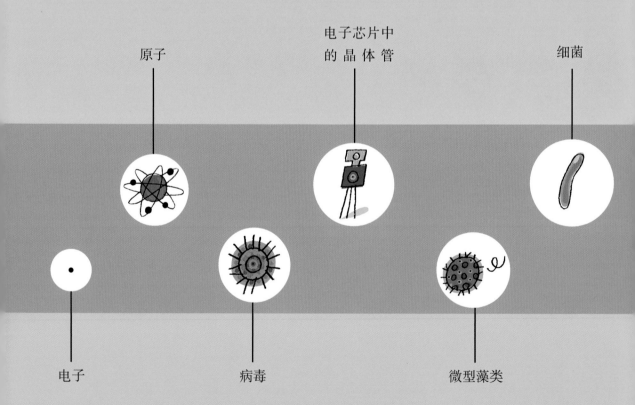

原子

电子芯片中的 晶 体 管

细菌

电子

病毒

微型藻类

头发的直径　　　　　　　　沙粒　　　　　　　　　蚂蚁

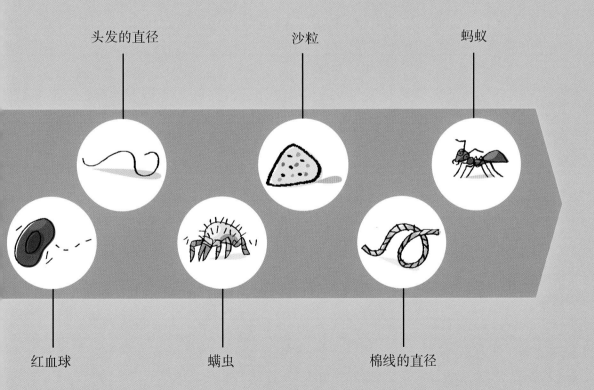

红血球　　　　　　　　螨虫　　　　　　　　棉线的直径

词汇表

螨虫
属于蛛形纲的一种体型微小的动物，体长约为 0.1 毫米。

DNA
构成染色体的相互缠绕的链条，携带基因信息。（P25）

原子
构成万事万物的微小粒子，大小是 1 纳米的 1/10，即 1 毫米的 1/10 000 000！（P7、65、83）

细菌
仅由一个细胞构成的微型生物，大小约为 1/1 000 毫米。细菌既不属于植物，也不属于动物。（P13、19、47）

细胞
组成所有生物（动物、植物、菌类……）的小"口袋"，大小约为 1/100 毫米。（P7）

染色体
位于细胞核内的"小棒"，形状呈 X 形。（P25）

晶体
晶体是由排列十分规则的原子叠加构成的，具有规则的几何形状。盐、糖、钻石都是晶体。（P65）

电子
围绕原子核旋转的微小粒子。（P7、13）

基因
"写"在 DNA 链条上的"指令"，负责指挥细胞工作。（P25）

血球
血液细胞，分为红血球和白血球。（P45、47）

昆虫
小型动物，身体由三部分构成，有 6 条腿。部分昆虫长有翅膀。（P57、59）

透镜
凹下或凸起的透明物体，可以改变影像的大小。（P11）

宏
"大"的意思。

微
"小"的意思。

微生物
肉眼无法看到的生物，如细菌、病毒……

微米
长度单位，100 万微米等于 1 米。

微处理器
体积很小的电子器件，用来控制和指挥电脑的工作，又叫"芯片"。（P81）

显微镜
可以让我们看到微小物体的器材。最常见的是光学显微镜，也有电子显微镜。电子显微镜是通过向物体发射电子来观测它们的。（P13）

毫米
长度单位，1 000 毫米等于 1 米。

纳米
长度单位，10 亿纳米等于 1 米。

纳米技术
可以制造出大小仅为几纳米物体的技术。（P83）

目镜
显微镜的一部分，是观察时我们的眼睛所对应的地方。（P15）

病毒
微型生物，会感染细胞引发疾病。大小约为细菌的1/10000。（P19、49）

想知道更多……

阅读

如果你想足不出户了解更多关于微观世界的知识，你可以选择阅读书刊。

上网

在网络上有许多关于微观世界的信息和美丽的图片等着你去搜索。还有一些博物馆也会经常组织相关的展览。

参观科技馆

世界各地都有科技展览馆，展览管里都专门设有探索微观世界的展览厅，你可以在里面见到很多实物、图片和研究设备，你可以在里面学到很多微观世界的知识。

与微观世界相关的职业

你对这本书中介绍的内容感兴趣吗？将来，你也可以尝试从事与微生物相关的职业哦！比如，生物学家经常会运用显微镜来观察细胞；地质学家和考古学家常常观察石块、瓷器和布料的碎片，以便了解这些事物的过去。有时，其他职业的人员也会使用显微镜，比如警察和研发微型电子设备的人员。如果想要从事这些职业，我们还需要更深入地研究学习，尤其要学好自然科学。当然啦，最重要的还是你的兴趣与热情！

图书在版编目（CIP）数据

微观世界：舌头上有什么？/ (法) 泽图恩著 ;(法)
艾伦绘；陈晨译.— 北京：北京日报出版社,2016.6
（睁大眼睛看世界）
ISBN 978-7-5477-2061-5

Ⅰ.①微… Ⅱ.①泽… ②艾… ③陈… Ⅲ.①显微
镜 – 少儿读物 Ⅳ.①TH742-49

中国版本图书馆CIP数据核字(2016)第066440号

La Vie microscopique © Mango Jeunesse, Paris–2013
Current Chinese translation rights arranged through
Divas International, Paris(www.divas-books.com)
巴黎迪法国际版权代理
著作权合同登记号 图字：01-2015-1934号

微观世界：舌头上有什么？

出版发行：北京日报出版社
地　　址：北京市东城区东单三条8–16号　东方广场东配楼四层
邮　　编：100005
电　　话：发行部：（010）65255876
　　　　　总编室：（010）65252135
印　　刷：北京缤索印刷有限公司
经　　销：各地新华书店
版　　次：2016年6月第1版
　　　　　2016年6月第1次印刷
开　　本：787毫米×1092毫米　1/16
印　　张：5.5
字　　数：140千字
定　　价：32.80元